内操工作行为规范

《操作人员作业行为规范》编绘小组　编绘

中国石化出版社
HTTP://WWW.SINOPEC-PRESS.COM

图书在版编目(CIP)数据

内操工作行为规范/编绘小组编绘.——北京：中国石化出版社，2012.9
（操作人员作业行为规范）(2024.7 重印)
ISBN 978-7-5114-1782-4
Ⅰ.①内… Ⅱ.①编… Ⅲ.①石油化工—化工设备—操作—技术规范 Ⅳ.①TE96-65
中国版本图书馆CIP数据核字（2012）第213992号

中国石化出版社出版发行
地址：北京市东城区安定门外大街 58 号
邮编：100011　电话：(010)57512500
发行部电话：(010)57512575
http://www.sinopec-press.com
E-mail：press@sinopec.com
北京富泰印刷有限责任公司
全国各地新华书店经销
*
889×1194 毫米 64 开本 1.25 印张
2012 年 11 月第 1 版　2024 年 7 月第 5 次印刷
定价：15.00 元

《操作人员作业行为规范》编绘小组

组　　长：陈连财

副 组 长：寿建祥

编绘人员：王爱东　孙敏杰　颜军文

金登峰　吴国平　丁建波

项　静　李桂丽　章棋峰

车　幸　杨芳芳　严　峰

周振凯

序

近年来，股份公司炼油事业部大力推行精细化、标准化操作管理，严格落实以工艺纪律、操作纪律和劳动纪律为重点的三大纪律，促进企业进一步夯实安全生产基础。镇海炼化一直注重精细化操作管理，他们从规范操作作业行为入手，全面梳理班长、内操和外操人员日常主要作业内容，总结提炼该公司长期以来在生产实践中形成的宝贵经验，编制了操作工系列作业行为规范要求，有效促进了操作人员良好作业行为习惯的养成。《操作人员作业行为规范》内容全面、通用性强，采用新颖独特的漫画形式，文字简练，画面生动，易懂易记，是操作人员学习掌握作业行为规范的普及性教育读本。

这次股份公司炼油事业部组织出版该书，希望各炼油企业认真学习和借鉴镇海炼化精细操作管理方面的好经验、好做法，结合本单位实际加强对操作人员培训，规范作业行为，加强现场管理，不断提高生产运行水平。

目录

（一）规范用语

语言文明，用语规范，讲普通话，语速适中。

（二）日常礼仪

待人接物热情礼貌。

（二）日常礼仪

重要客人来访，做到来有迎声，去有送声。

☞工作状态

(一)坐姿端正

着装整齐，坐姿端正，注意力集中。

(二)集中精力

不玩手机，不做与工作无关的事。

(二)集中精力

保持安静，不大声喧哗，不聚众聊天。

(二)集中精力

不准阅读与工作无关的报刊、杂志。

(三)坚守岗位

DCS操作不能无人监控。

（四）掌握信息

询问外操

工业电视监控

班前预检

现场观察核对

了解现场情况，做到心中有数，操作才有保障。

（四）掌握信息

查阅工作要求，认真执行到位。

（四）掌握信息

了解出装置物料流向及物性变化对下游影响。

(一) 巡屏监盘

DCS巡屏要勤，认真仔细不遗漏，重要参数心中有数。

（一）巡屏监盘

出现波动要及时处理，操作有疑难应讨论或请示。

(一)巡屏监盘

工业电视

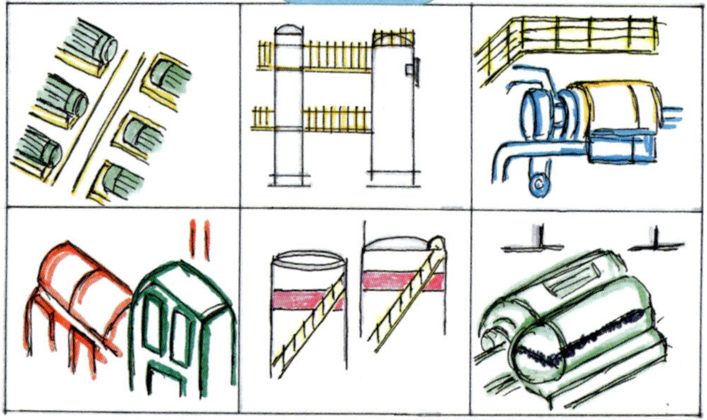

工业电视是眼睛，重点部位常巡视，情况掌握心不慌。

(二) 报警处置

1、看清报警

2、及时确认

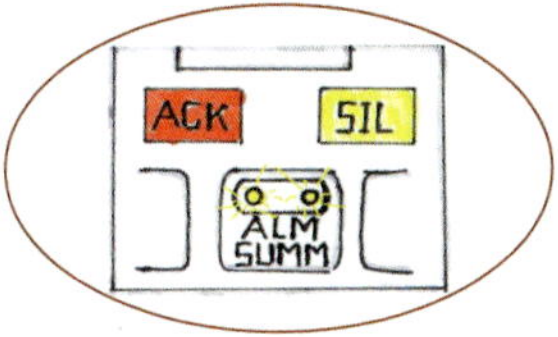

3、分析原因、调整操作

不改变报警设置，不合理的要作好记录并反映。

(三)操作调节

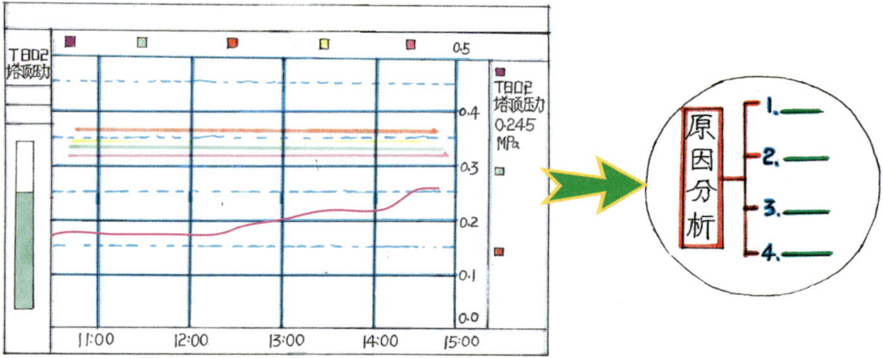

看准趋势，找出原因；理清思路，预判预调；按序调整，把握时机。

(三)操作调节

调节前把握全局，过程中跟踪参数；幅度应适当，目标要最优。

(三) 操作调节

内操之间要交流，调整思路要统一。

(四) 自动控制

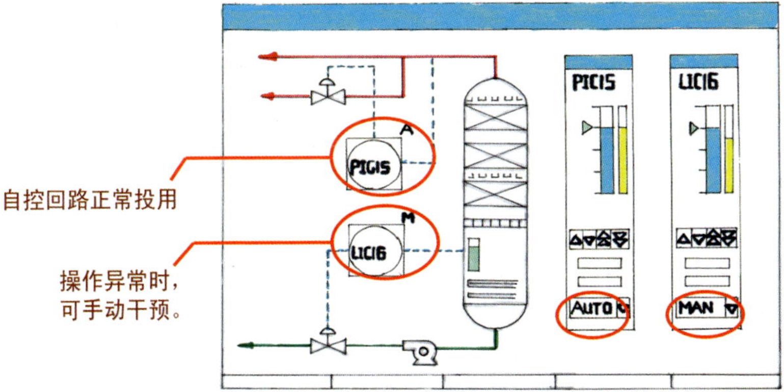

控制回路要投自动，否则应联系处理，并汇报相关技术人员。

（五）联锁操作

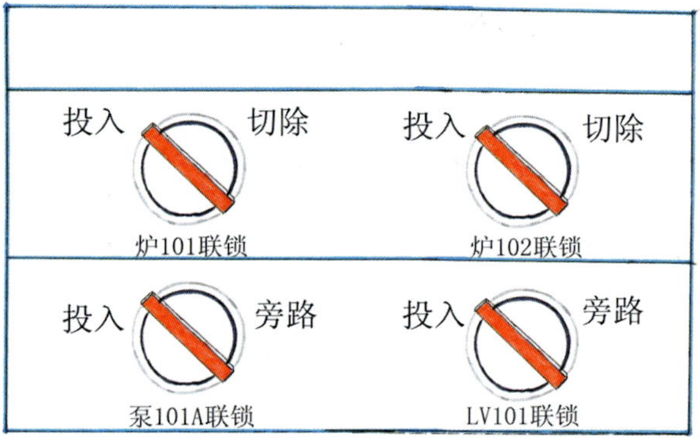

联锁必须全部投用，联锁切除必须审批。

（五）联锁操作

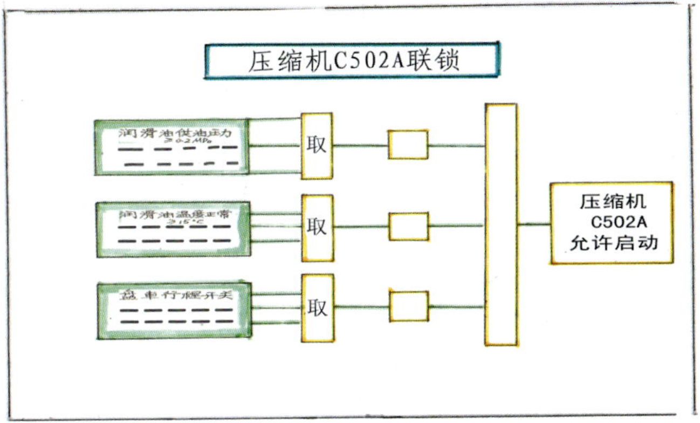

联锁恢复时，确认工况具备条件，才能投用。

（五）联锁操作

想清逻辑关系，落实防范措施，看准开关位号。

(六) 先进控制

AI700B

控制器开关 ON

T601控制器画面

位号	请求开关	状态	操作下限	当前值	稳态值	操作上限	约束状态	当前步幅
TIC608	ON	GOOD	90.00	93.72	93.72	99.00	SSMINOV	-0.00
=								
=								
=								
=								

正常投用，勤加维护。

（七）质量监控

操作参数有波动，安排外操现场检查，及时联系加样，必要时汇报并联系改线。

(七) 质量监控

关注原料变化、产品外观，稳定馏出口质量，不得采样前突击调样。

(八) 节能降耗

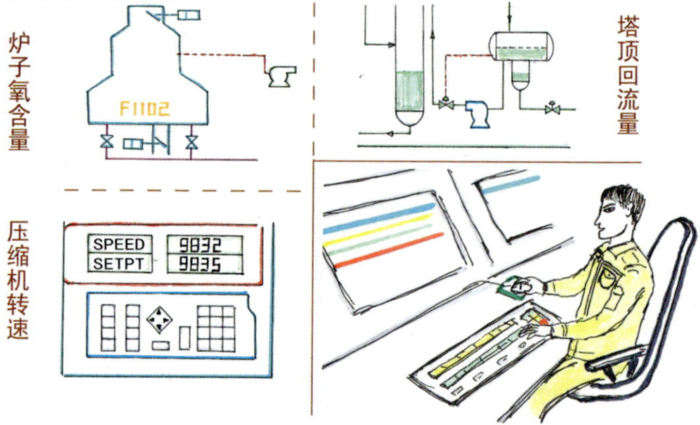

关注加热炉氧含量、塔顶回流量、压缩机转速等工艺参数，合理调节。

(八) 节能降耗

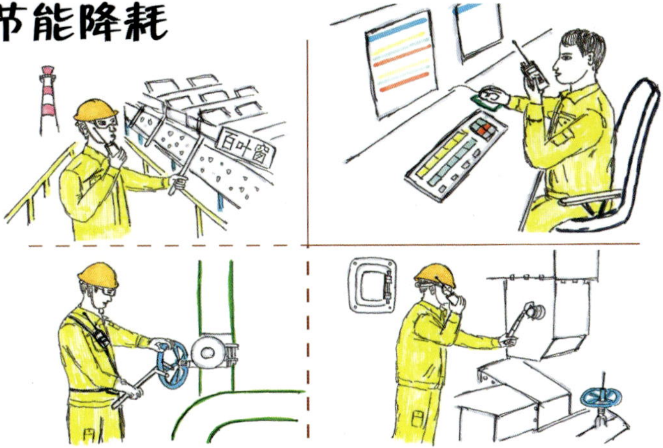

掌握实时能耗，关注趋势变化，合理组织调节。

（九）风险评估

评估操作风险，考虑周全，采取措施，确保平稳。

(十)注意事项

正常生产时，用箭头键输入操作参数，禁止使用数字键。

（十）注意事项

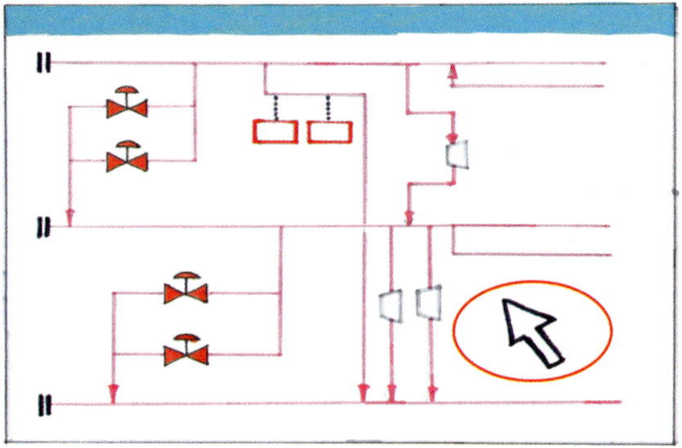

操作结束后将光标移至安全区，防止误操作。

（十）注意事项

禁用笔尖、钥匙等尖硬物点触屏幕和键盘。

（十）注意事项

交班前，尽量不作大的操作调整。

（十）注意事项

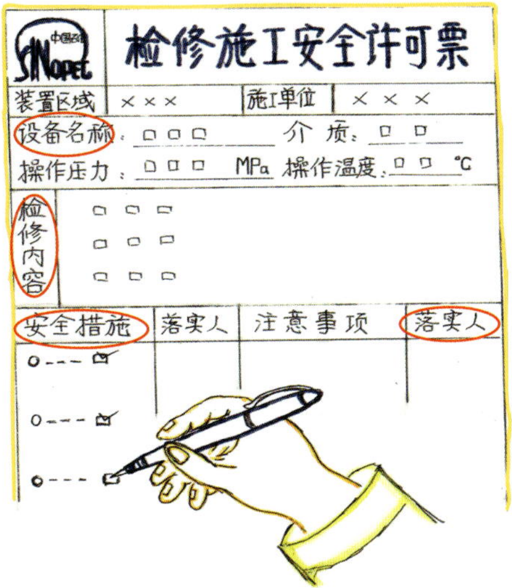

清楚作业目的、作业对象和内容，核实、确认安全措施及落实情况。

☞联系汇报

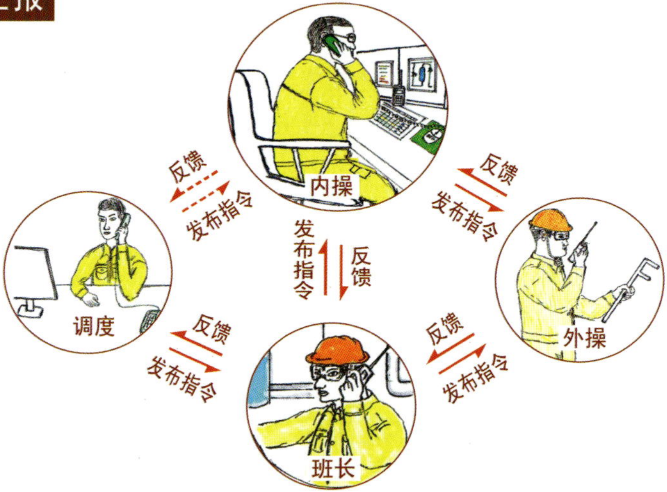

双方互报姓名，发令人下指令，受令人先复述、后执行，作业结束逐级反馈。

(一) 接受指令

互报单位、姓名，问清指令内容；复述指令、做好记录，并向班长汇报。

(二)执行任务

理清指令内容，分配作业任务，联系涉及岗位共同执行。

(二)执行任务

执行指令按程序，出现问题要沟通。

(二)执行任务

多人配合作业，要明确负责人。

(二)执行任务

作业过程保持联系，跟踪参数变化，紧密配合。

（二）执行任务

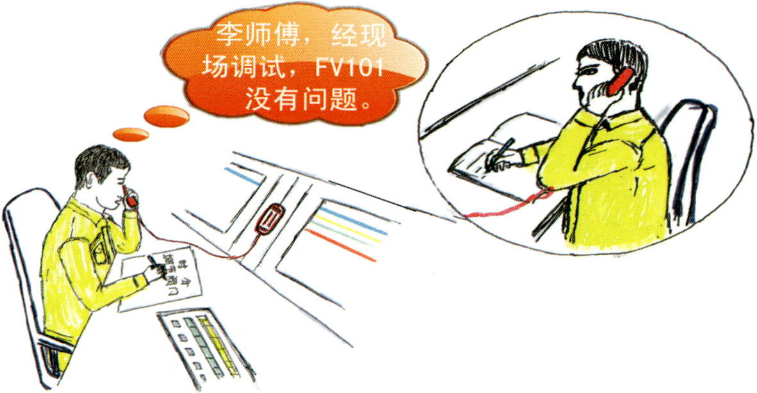

作业完成后，及时收集和记录信息，并向发令人汇报指令执行情况、完成时间及存在的问题。

(三)内外操联系

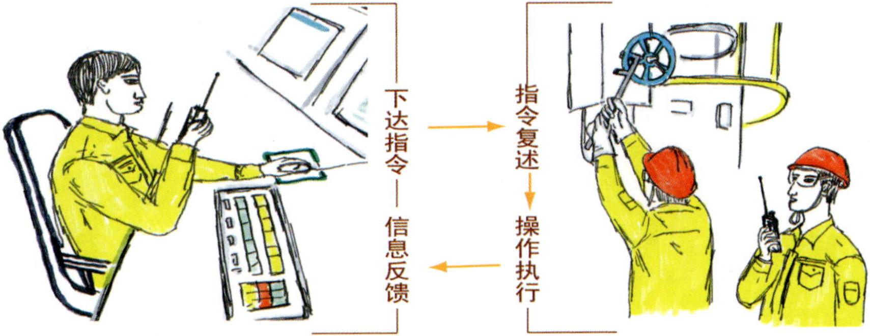

作业过程要保持联系，作业结束要检查确认。

(三)内外操联系

按规定频次核对参数，核对要真实，不能作假。

(三)内外操联系

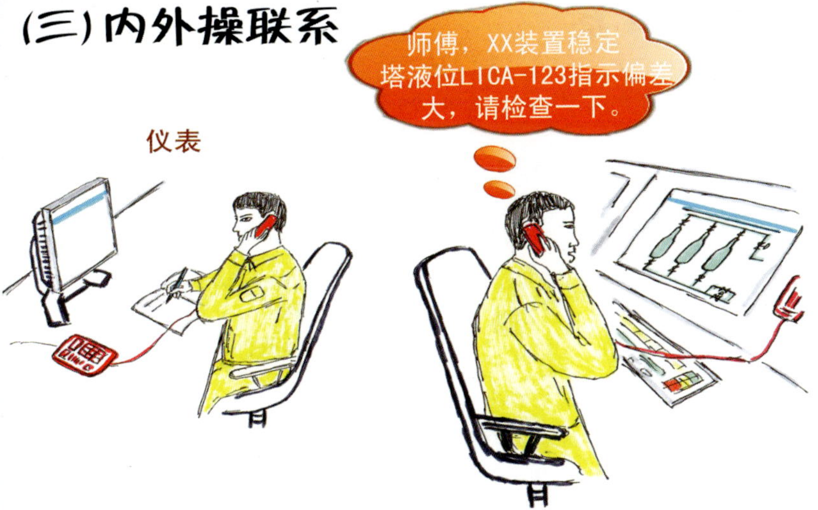

核对数据偏差大，应及时处理。

(三)内外操联系

参数异常，及时联系外操核对。

（三）内外操联系

清楚外操操作情况，外操作业要受控。

(三)内外操联系

对外操现场发现的问题，问清位置、状况，联系处理。

(三)内外操联系

操作调整时，向外操通报操作目的和调整内容。

(四) 横向联系

流程动改、原料和馏出口质量变化、操作波动，要及时联系。

(四)横向联系

公用系统内操

装置内操

装置外操

公用工程介质、氢气、燃料产耗量及温度、压力等状态发生较大变化，要及时联系。

☞联系汇报

（四）横向联系

原料换罐、产品改线、顶线置换和物料收付状态变化应及时联系。

(四)横向联系

设备运行异常、故障、停送电，及时联系机电仪。

(五)信息传递

对外联系有困难、操作指令有异议及其他重要信息要汇报。

沉着冷静，准确判断；把握全局，抓住重点；理清处理次序。

☞应急处理

随时掌握现场动态情况，提醒外操关注薄弱环节，处理任务落实到人。

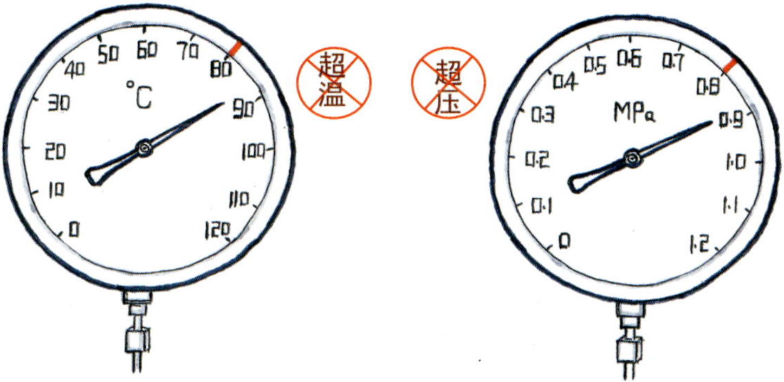

注意人身安全，设备不超温、不超压，避免次生事故。

(一)交接班日志

及时准确记录操作变动及质量调整等各类事件。

(二) 操作数据

逐个对照记录，对异常数据要敏感。

（三）贸易计量数据

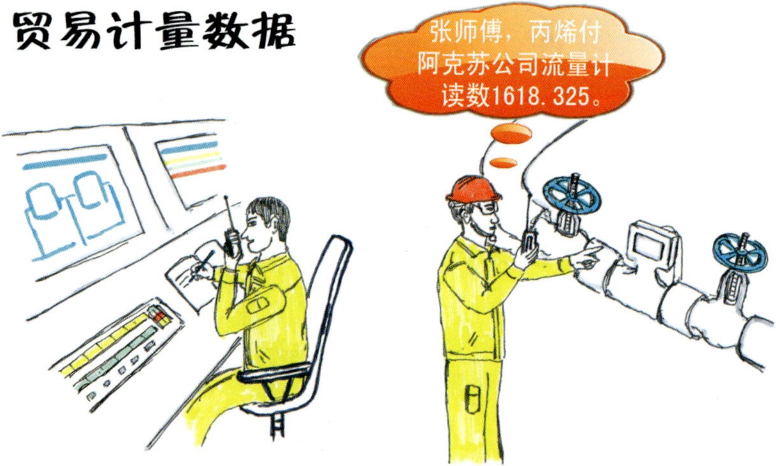

掌握现场计量数据，作好记录，比对数据不泄密。

(四)化验分析数据

主动查看并记录化验分析数据。

(五)记录要求

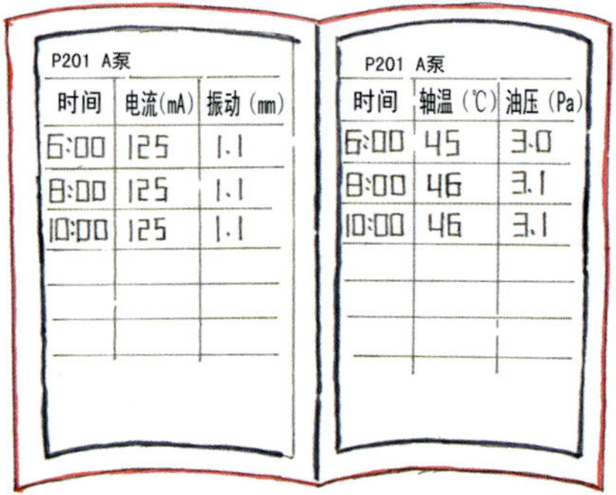

字迹整洁规范，内容真实完整，记录及时有效。

(五)记录要求

记录要在非键盘区域完成。

（一）班前预检

提前到岗，认真预检。

(二) 交接班会

"十交"

交任务和指示
交操作、交指标
交质量、交设备
交安全、交工具
交环保和卫生规格化
交问题和经验
交记录

"五不接"

设备润滑不好不接
工具不全不接
操作情况交待不清不接
记录不全不接
卫生规格化不好不接

(三)接班后签字确认

工作交接要认真，接班后需签字确认。

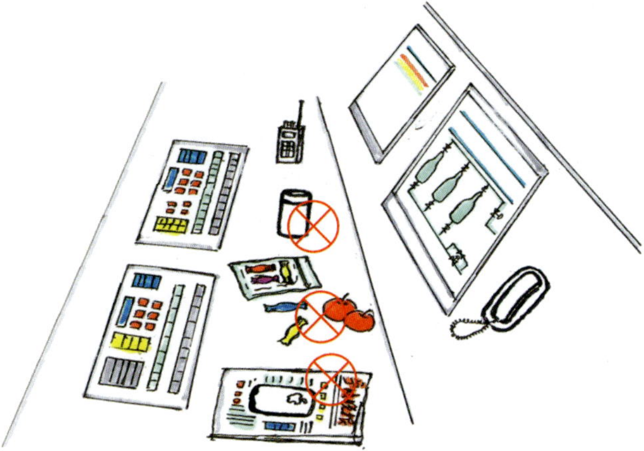

操作台禁止放与操作无关的杂物。

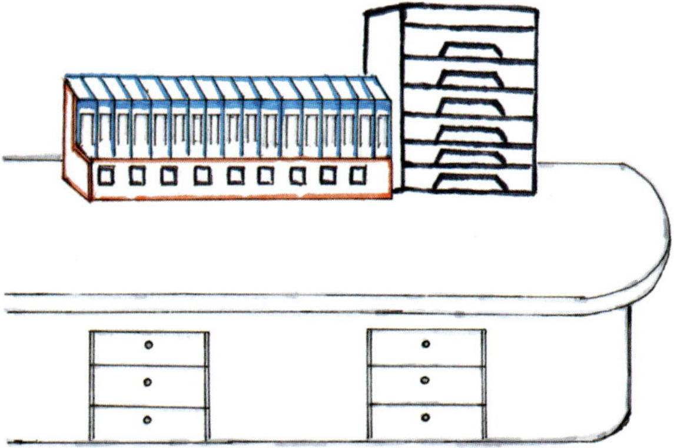

个人用品、文件资料摆放整齐，保持室内整洁美观。

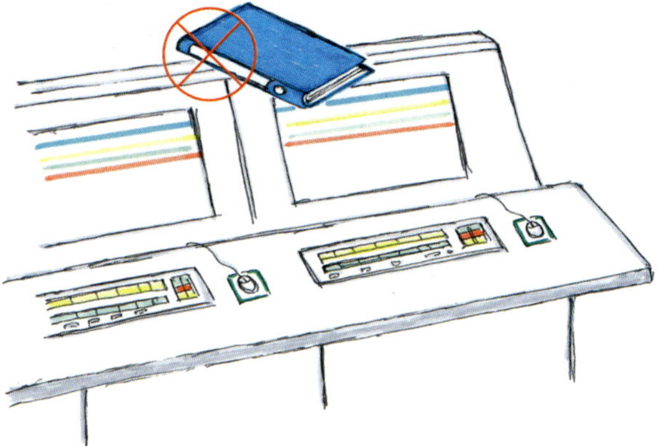

禁止在显示器、辅操台上面放置物品，避免掉落到操作键盘上。

策划：王爱东　孙敏杰　颜军文　金登峰　吴国平

编写：李桂丽　项　静　周正楷

绘图：丁建波